UN CHAPITRE

SUR

LES HYDRO-CARBURES

DES SCHISTES BITUMINEUX LIGNIFÈRES

VERSAILLES, IMPRIMERIE CERF, RUE DU PLESSIS. 59.

UN CHAPITRE

SUR

LES HYDRO-CARBURES

DES SCHISTES BITUMINEUX LIGNIFÈRES

PAR

FÉLIX COLSON

LIBRAIRIE SCIENTIFIQUE, INDUSTRIELLE ET AGRICOLE

EUGÈNE LACROIX, ÉDITEUR

Librairie de la Société des Ingénieurs civils, de la Société des anciens Élèves des Écoles
d'arts et métiers, etc., etc,

PARIS — 15, QUAI MALAQUAIS — PARIS

1862

UN CHAPITRE

LES HYDRO-CARBURES

DES SCHISTES BITUMINEUX LIGNIFÈRES

Formation des Schistes bitumineux.

Les schistes bitumineux appartiennent à deux formations géologiques distinctes. Les uns se trouvent à la crète du terrain houiller ou secondaire, exemple : Autun (Saône-et-Loire). Les autres dans le terrain tertiaire au·dessus des couches lignifères, exemple : Vagnas (Ardèche) (1).

Sous le nom de schistes bitumineux, les géologues désignent des hydro-carbures accompagnés de bitumes.

Ces carbures d'hydrogène proviennent d'une sorte de distillation naturelle (2) des couches de houille ou de lignite; ils pénètrent les roches immédiatement superposées aux combustibles fossiles. Ils empreignent des argiles clivables en feuillets ou en plaques. Produits de la décomposition des houilles et des lignites, ils sont dus à l'action de la chaleur provenant presque toujours de la

---

(1) Vagnas (Ardèche) est le centre d'un bassin de lignites parfaits et de schistes bitumineux lignifères. Il y existe une importante fabrique d'huile de schiste. 30 à 40,000 kilos de schistes bitumineux y sont distillés dans les 24 heures, par plus de 100 cornues travaillant nuit et jour.

(2) Charles d'Orbigny, *Dictionnaire universel d'histoire naturelle.*

présence des roches éruptives, de dikes (1) qui se trouvent dans leur voisinage.

« Les schistes bitumineux (2), a écrit M. Burat dans
» son remarquable : *Traité des combustibles minéraux*
» sont des roches qui appartiennent aux bassins lacus-
» tres (3). Ce sont des schistes noirâtres, à grains très-fins,
» homogènes, qui, au premier abord, ne se distinguent
» guère des argiles schisteuses ordinaires; cependant ils
» sont plus compacts, plus sonores et moins délitables
» que les schistes ordinaires. Échauffés suffisamment, ils
» prennent feu et brûlent avec une flamme fuligineuse.
» Un petit éclat mince, mis dans la flamme d'une bougie,
» s'allume et brûle de manière à laisser pour résidu le
» schiste décoloré et exfolié.

» Cette propriété combustible est due à une huile, dite
» huile de schistes, qu'on peut retirer par distillation,
» pour l'appliquer à l'éclairage, et dont la quantité varie
» de deux à dix centièmes.

» Les schistes bitumineux ont surtout été rencontrés
» dans les bassins de Saône-et-Loire, aux environs d'Au-
» tun; ils forment, à la partie supérieure du terrain

(1) DIKES, mot anglais qui signifie une chaussée : admis dans la
science, il exprime un large filon de roches d'épanchement, telles que
basalte, porphyre. (*Minéralogie*, par M. Beudant, et *Géologie*, par d'Orbigny.)

(2) M. Burat, *Classification des combustibles minéraux*, pages 79, 80,
223. (Voir note n° 1).

(3) Lacustre, se dit des plantes et des animaux qui vivent dans les lacs
et des dépôts formés dans ces mêmes lacs. (D'Orbigny, *Vocabulaire de
Géologie*, page 525.)

» houiller, une sorte d'appendice que l'on a longtemps
» considéré comme postérieur. On y trouve des em-
» preintes de poissons, et l'on en avait conclu qu'ils re-
» présentaient le zechsteni (calcaire pénéen) ; mais, un
» examen minutieux a fait reconnaître qu'ils apparte-
» naient réellement à la partie supérieure du terrain
» houiller. Depuis, on a trouvé les mêmes schistes dans
» le bassin de Blanzy, alternant avec des grès très-fins et
» avec les argiles schisteuses qui contiennent les couches
» de houilles supérieures.

» Il est naturel de rencontrer les schistes bitumineux
» au-dessus des couches combustibles, car celles-ci con-
» tiennent tous les éléments des huiles dont ces schistes
» sont imprégnés.

» Ces huiles doivent en effet résulter de décomposi-
» tions qui ont eu lieu postérieurement au dépôt des
» combustibles, et, à ce propos, il y a une remarque
» importante à faire : les schistes bitumineux se trouvent
» dans les bassins de Saône-et-Loire, précisément à la
» partie supérieure de la formation, c'est-à-dire au-dessus
» des couches de houilles maigres, à longue flamme ; il
» n'en existe point au-dessus des houilles anthraciteuses,
» maréchales ou flennes du Nord, de la Belgique et de
» l'Angleterre ; de telle sorte que nous sommes conduits
» à supposer qu'il existe une certaine connexité de gise-
» ment entre les houilles très-oxygénées et cette trans-
» mission des huiles dans les schistes.

» Les schistes bitumineux se retrouvent en effet dans

» les formations supérieures à la houille, formations qui
» contiennent des combustibles de plus en plus oxygénés.
» Aux environs de Vesoul, la formation du lias présente
» un grand développement de ces roches schisteuses char-
» gées de 4 à 5 p. 100 d'huile, et qu'on appelle marnes
» inflammables. Au-dessus des lignites de la vallée du
» Rhin abonde également le dusodyle, qui est une argile
» schisteuse inflammable. Cette propriété des argiles nous
» paraît donc devoir être attribuée à une sorte de sécré-
» tion provenant des décompositions végétales qui ont
» produit les combustibles les plus oxygénés. »

Nous empruntons à M. Burat une seconde citation :
« Les couches de houille durent être les foyers d'émis-
» sions considérables de gaz provenant des fermentations
» et décompositions végétales. Ces émissions gazeuses
» durent se continuer même après l'enfouissement des
» couches sur les dépôts superposés. Nous trouvons la
» preuve de ce fait dans la présence de l'hydrogène car-
» boné, qui impreigne souvent la houille et même les
» schistes du toit, et nous avons même attribué à des
» émanations analogues, les huiles dont les schistes bitu-
» mineux sont pénétrés. Toutes ces émanations, posté-
» rieures à l'enfouissement de la houille, prouvent que sa
» minéralisation s'est, en quelque sorte, complétée pen-
» dant la période de sa dessication. »

Les hydro-carbures, émanations du terrain houiller,
ont une composition chimique différente de ceux qui se
sont évaporés du terrain lignifère. Laurent a laissé sur

les premiers, provenant du bassin d'Autun, un travail inséré dans les Annales de chimie et de physique, t. LXIV. Quelques fragments de ses articles sont reproduits par Gerhardt dans son Traité de chimie organique, t. IV, p. 324 à 325 (1). L'analyse quantitative des schistes bitumineux lignifères n'est pas encore faite. Deux ou trois chimistes se sont occupés de leur traitement industriel. Ils répandent une odeur particulière due à la présence de l'acide pyro-acéteux. Cet acide prend aux yeux (2).

Des Matières étrangères qui accompagnent les argiles schisteuses, renfermant les hydro-carbures et les bitumes.

Les argiles qui contiennent les hydro-carbures et les bitumes (3), renferment aussi des pyrites sulfureuses, des matières azotées, de l'acide acétique ou de l'acide pyro-ligneux. Ces matières étrangères produisent, dans le cours de la distillation, du sulfure d'ammonium. Le soufre et l'ammoniaque se mêlent aux hydro-carbures et les infectent. Il y a aussi production d'acide sulfhydrique et de sulfhydrate d'ammoniaque. Les chimistes n'ont trouvé aucune trace d'arsenic dans les schistes lignifères de Vagnas.

M. Sainte-Preuve aurait extrait directement l'ammoniaque et le soufre. Il les fixe au moyen de la chaux et du sulfate de fer. L'intelligent directeur de l'usine de Bonn, applique industriellement le procédé indiqué par M. Sainte Preuve.

(1) Voir la note n° 1, elle renferme aussi le travail de M. Saint-Èvre.

(2) De funestes effets en ont été constatés sur les enfants employés à surveiller les salles de condensation des hydro-carbures lignifères.

(3) Voir la note n° 2, sur l'application industrielle des Carbures d'hydrogène.

Avant d'être chargés dans les cornues, les schistes sont exfoliés, puis cassés, et ensuite aspergés d'un lait de chaux. Le contact avec la chaux hydratée donne naissance à une combinaison avec le soufre. Il se forme du sulfure de calcium. L'eau de chaux, qui a déjà servi au battage des huiles, est ici d'un excellent emploi.

Les vapeurs d'ammoniaque se fixent en traversant des fragments de sulfate de fer. On mêle quelquefois ce dernier à la sciure de bois. L'ammoniaque s'empare de l'acide sulfurique et forme du sulfate d'ammoniaque, excellent engrais, très-recherché par l'agriculture.

M. Sainte-Preuve paraît avoir sérieusement étudié la question du traitement des hydro-carbures. Il avance que la présence des alcalis dans les cornues, augmente et facilite la production des hydrogènes carbonés. Ces alcalis devraient être hydratés.

Revenons à la distillation des schistes.

Depuis quelques années, les industriels français tirent d'Écosse une matière première appelée *bog head*. Cette ampelite argilo-bitumineuse, à peine sulfureuse, est beaucoup plus riche en hydro-carbures que les schistes de France et d'Allemagne. Ces derniers contiennent jusqu'à 35 p. 100 d'eau azotée; le *bog head* en renferme 5 p. 100. Le présence de l'acide phénique, signalée par M. Calvert dans l'analyse du *bog head*, rattache la formation des hydro-carbures de cette ampélite aux émanations du terrain houiller.

Nous empruntons à MM. Calvert, Payen, et O. Matter

qui a refait le travail de M. Erdmann, les analyses quantitatives et qualitatives du *bog head*.

ANALYSE QUALITATIVE DU BOG HEAD, PAR M. CALVERT

BOG HEAD	BENZINE	ACIDE PHÈNIQUE	HYDRO-CARBURES NEUTRES	PARAFFINE	BRAI DUR
	12	3	30	41	14

ANALYSE QUANTITATIVE DU BOG HEAD

D'après M. O. Matter

Carbone	60 805
Hydrogène	9 185
Azote	0 780
Oxygène	4 385
Soufre	0 320
Eau	0 395
Silice	13 190
Alumine	9 500
Oxide de fer	1 220
Chaux	0 270

ANALYSE QUANTITATIVE DU BOG HEAD

D'après M. Payen

Matière bitumineuse et traces de matières azotées	77 00
Silicate d'alumine	20 50
Chaux, maguésie, traces de sulfures de fer	1 67
Eau	0 83
	100 00

Les schistes des environs d'Autun (Saône-et-Loire), les schistes lignifères de Vagnas (Ardèche), sont bien pauvres

en hydro-carbures, comparés au *bog head*. M. Payen,
t. II, p. 628 de son Précis sur la chimie industrielle,
accorde aux schistes d'Autun un rendement en huile
brute de 4 à 5 p. 100 de leur poids. La production
des schistes bitumineux lignifères serait de 10 p. 100.
L'analyse de ces derniers est à refaire. Le chimiste chargé
de ce travail avoue, dans son rapport, qu'il a chauffé sa
cornue à la température du rouge cerise, c'est-à-dire entre
870 et 970 degrés. L'opération ayant été très-mal con-
duite, près d'un cinquième des hydro-carbures s'est gazéi-
fié. Ils eussent été obtenus liquides en maintenant la chaleur entre 400 et 410 degrés. Les lois de la distillation mal
observées, le rendement en paraffine a été insignifiant.
M. Calvert, dans un travail sur les produits extraits de la
houille, a signalé un fait intéressant entrevu par un chimiste anglais, M. A. Young. Un des résultats les plus frap-
pants de la distillation à basse température, est la production abondante de la paraffine. M. Young, au lieu de
naphtaline, a recueilli ce précieux produit. M. Reichenbach a écrit que la naphtaline se forme toutes les fois
que la distillation sèche des substances organiques s'effectue à une température élevée.

On a avancé souvent, sans le prouver, que la distillation
des schistes lignifères était, malgré la nature différente
des produits, aussi avantageuse que celle du bog head.
Essayons de résoudre ce problème industriel. En admet-
tant que le volume soit égal en rendements bruts, aura-
t-on des produits de même valeur? telle est la question.

L'ampelite d'Ecosse donne le tiers de son poids, ou 33 p. 100 d'huile brute et 5 p. 100 d'eau légèrement ammoniacale. Le reste, est un résidu stérile et charbonneux, qui s'élève à 50 p. 100 pour le schiste lignifère. Dans ce dernier produit, l'eau ammoniacale figure dans la proportion de 30 p. 100; les huiles goudronneuses, dans celle de 8 à 10 p. 100 seulement. Les pertes, pour gaz et vaporations, seraient de 10 p. 100. Ces chiffres indiquent que la distillation sèche des hydro-carbures est faite à une température trop élevée. Les cornues maintenues au rouge naissant, à 650 degrés, par les fabricants d'hydro-carbures lignifères, dépassent de 240 degrés, le point utile dans le but d'obtenir les carbures d'hydrogène liquides ; cette élévation de température a l'inconvénient de réduire la production des schistes lignifères à 8 p. 100, c'est-à-dire d'un cinquième; il faut encore ajouter à cette perte, celles produites par gaz et par évaporation ; elles sont encore dans la proportion d'un autre cinquième.

Les fabricants d'hydro-carbures, emploient en France le bog head, exfolié en fragment d'une épaisseur de 3 à 4 centimètres, puis cassés par petits morceaux. Ils chargent 100 kilog. par cornues; l'opération de la distillation dure 12 heures. Les fabricants d'hydro-carbures lignifères, réduisent cette dernière à 6 heures. Ils emplissent les cornues de 150 kilos : n'exfolient pas et se contentent de casser les schistes en très-gros fragments ; leur manière d'opérer est vicieuse et nuisible. Elle ne facilite en rien la vaporisation des produits pyrogénés. La durée de 6 heures par chaque opération est insuffisante, le minimum devrait être de 8 heures. Il suffirait de faire trois opérations par 24 heures.

Analyse comparée du bog Head et des Schistes lignifères.

Les tableaux comparatifs suivants résument les questions qui embrassent le rendement brut des huiles goudronneuses, extraites du bog head et des schistes bitumineux lignifères, leurs frais d'acquisition et de traitement, l'amortissement et les intérêts des capitaux engagés, la densité, la qualité et la quantité des produits.

Les huiles goudronneuses, extraites de 100 kilog. du bog head, représentent le tiers du poids de ce dernier, ou 33 p. 100. On exprime ainsi leur valeur en argent :

20 litres 1/2 d'huile à 0f 80 c...	16 fr.	40 c.
2 kilos 1/2 de paraffine sèche...	2	50
10 kilos goudrons à 0f 15 c.....	1	50
33	**20 fr.**	**40**

Les huiles goudronneuses, extraites de 100 kilog de schistes lignifères, représentent 8 p. 100 du poids de ce dernier. Voici leur valeur exprimée en argent :

11 litres d'huile à 80 c.(1)........	8 fr.	80 c.
10 litres d'huile à 40 c.(2)........	4	00
1 kilo 600 de paraffine sèche à 1 fr.	1	60
10 kilos 1/2 de goudron à 15 c. le k.	1	58
33	**15 fr.**	**98 c.**

(1) Huile légère, naphte ou photogène.
(2) Huile lourde, pétrole ou solaire.

Tableau *des dépenses d'acquisition, des frais de traitement du bog head, des intérêts et de l'amortissement du capital engagé.*

Acquisition de 100 kilos de bog head rendu en France...	7 fr.	50 c.
Cassage...	0	25
66 kilos de combustible (houille)...............	1	00
Intérêt et usure de l'outillage...................	0	75
Main-d'œuvre....................................	0	50
	10 fr.	00 c.

La richesse du bog head, traité sur le carreau de la mine, rendrait toute comparaison impossible avec les schistes lignifères.

Tableau *des dépenses d'acquisition et des frais de 400 kilos de schistes lignifères, de l'intérêt et de l'amortissement du capital engagé.*

400 kilos de schistes lignifères...	1 fr.	20 c.
Cassage........................	0	16
333 kilos de lignites...........	1	07
Intérêt et usure de l'outillage....	1	50
Main-d'œuvre..................	2	00
	5 fr.	93 c.

RÉSUMÉ	
BOG HEAD	**SCHISTE LIGNIFÈRE**
De 20 fr. 40 c. Otez 10 fr.	De 15 fr. 98 c. Otez 5 fr. 93 c.
Reste 10 fr. 40 c.	Reste 10 fr. 05 c.

La balance pencherait plus encore en faveur des schistes lignifères, si ces derniers étaient, à la distillation sèche, traités à une température ne dépassant pas 410 degrés. La déperdition en gaz et par évaporation varie entre un et deux cinquièmes. Elle porte presque en totalité sur les produits évalués à 0 f. 80 centimes. La distillation à basse température présente un avantage considérable. Les huiles de schistes lignifères obtenues par évaporation ne seraient plus saturées du soufre qui les infecte. Ce dernier produit entre en ébullition vers 420 degrés, température à laquelle il se réduit en vapeurs d'un jaune foncé. A la chaleur de 410 degrés, le soufre qui ne s'est pas combiné à la chaux dont les schistes sont impreignés, ne se convertit plus en vapeurs, il reste à l'état liquide, et se retrouve mélangé aux goudrons.

Ajoutons que, s'il faut traiter 4 kilos de schistes lignifères, contre un kilo de bog head, pour extraire des premiers, un volume d'hydro-carbures égal en poids à celui des seconds, il y a intérêt à supprimer les cornues. D'un prix d'acquisition très-élevé, d'une très-courte durée, elles seraient remplacées par des fours à distiller construits sur le plan que nous décrirons. Cette réforme des appareils employés à la distillation sèche, sera plus nettement encore indiquée par la production considérable du bog head, en huile photogène et en paraffine.

Sur 100 parties en volumes, les hydro-carbures lignifères légers, lourds et paraffinés représentent 69 parties. M. Payen qui a donné l'analyse du bog head, trouve 80 parties d'huiles légères, lourdes et paraffinées. — Différence à l'avantage du bog head, 11.

Sur 100 parties en volumes, il y a, en huiles photogènes ou brûlant par la capillarité de la mèche, savoir :

Pour les schistes lignifères...... 34
Pour le bog head................... 60

Voici l'analyse du bog head publiée par M. Payen ; nous l'évaluons en argent.

60 parties à 80 cent. 60×80 cent................. 48 fr. 00 c.
5 parties d'huiles lourdes à 50 c.×5 cent........ 2 50
15 parties de paraffine brute à 1 fr.×15 cent..... 15 00
20 parties de goudron à 15 c.×20 cent........... 5 00

Total en argent... 68 fr. 50 c.

Analyse des schistes lignifères. Evaluation en argent.

34 parties à 80 cent. 34×80 c................... 27 fr. 20 c.
28 parties d'huile lourde à 40 c. 28×40 c........ 11 20
17 parties 69, dont 5 de paraffine à 1 fr. 5×1 fr.... 5 00
25 parties goudron à 15 c. 25×15............... 3 75

Total en argent... 47 fr. 15 c.

Différence à l'avantage du *bog head*, 27 francs.

Toute la question est là.

2

La production des schistes lignifères, en huile photo-gène, est inférieure à celle du *bog head*, dans une pro-portion de 50 p. 100 environ. En paraffine, l'infériorité est de 60 p. 100. Ces chiffres modifient singulièrement les données qui précèdent. La supériorité du *bog head* en huile photogène et en paraffine est telle, qu'il ne s'agira plus de traiter 4 kilos de schistes lignifères, contre un kilo de *bog head*, mais bien d'en distiller huit kilos.

En ce qui concerne la paraffine, le schiste lignifère ne peut pas rivaliser avec l'ampélite d'Écosse. Mais 28 parties d'huile solaire ou lourde, évaluées à 11 fr. 80 c., contribueront à rétablir l'équilibre.

En résumé, une usine de distillation de schistes ligni-fères, exige huit fois plus de capitaux engagés en cornues et en serpentins.

Le problème à résoudre est donc celui-ci : Peut-on construire un appareil distillatoire qui permettrait de bien distiller, dans les 24 heures, huit fois autant de matières premières sans employer les cornues qui ser-vent à traiter le *bog head*.

Comparaison importante : Que représente, en huile photogène, la distillation de 32,000 kilos de schistes li-gnifères? le rendement de quatre tonnes seulement de *bog head*. Vingt cornues, à deux distillations par 24 heures, chargées chaque fois de 100 kilos, permettent de traiter 4,000 kilos de *bog head*.

Une fabrication d'huile de *bog head*, montée dans le but de distiller quatre tonnes seulement par 24 heures, trouverait-elle des capitaux? Assurément non. Les frais de gérance, les frais généraux, le renouvellement du matériel, l'amortissement du capital absorberaient les bénéfices.

Les capitalistes exigeraient au moins, par 24 heures, le traitement de 8 à 10 tonnes de *bog head*.

Dans une distillation de *bog head*, il faut huit fois moins de matériel, tel que cornues, serpentins en plomb; huit fois moins de combustibles; huit fois moins de main-d'œuvre; huit fois moins de renouvellement de matériel, et par conséquent huit fois moins de capitaux engagés, que dans une usine où est traité le schiste bitumineux lignifère. Nous ne parlons pas du chapitre très-dispendieux des écoles.

Les dépenses occasionnées par les battages et par la rectification des huiles photogènes, restent à peu près les mêmes pour le *bog head* que pour les schistes bitumineux lignifères. Toute la réforme à opérer consiste, selon nous, à traiter les schistes lignifères dans des appareils nécessitant huit fois moins de mise de fonds et huit fois moins de dépenses d'établissement et d'entretien. L'égalité serait alors rétablie entre le *bog head* et les schistes lignifères.

Terminons notre parallèle :

TABLEAU *comparatif en densité et en quantité des produits du bog head, distillés à basse ou à haute température, et des produits du schiste lignifère.*

100 kilos de *bog head* distillé à une température qui n'excède pas 425 degrés, produisent :

BOG HEAD		DENSITÉ
Résidu stérile	55 p. 0/0	85
Huile goudronneuse	33 id.	
Eau ammoniacale	5 id.	à
Perte et vaporation	7 id.	86

100 kilos de schistes lignifères distillés à une température qui excède 800 degrés, produisent :

SCHISTES LIGNIFÈRES		DENSITÉ
Résidu stérile	50 p. 0/0	95
Huile goudronneuse	10 id.	
Eau ammoniacale	30 id.	à
Pertes et vaporation	10 id.	96

Séparation ménagée des huiles goudronneuses de bog head, depuis 0,35 jusqu'à 300°, et jusqu'à 500° et au-dessus, pour l'huile de schiste lignifère.

100 PARTIES D'HYDRO-CARBURES DE BOG HEAD DÉCANTÉS, OBTENUS A 425° MAXIMUM, SE SUBDIVISENT, SAVOIR :	DENSITÉ	QUANTITÉS
Huile légère, photogène ou naphte	0,82 à 0,50	60 p. 0/0
Huile lourde, solaire ou pétrole.	0,85 à 0,86	3 p. 0/0
Paraffine......................		11 p. 0/0
Huile paraffinée..............		» »
Eau ammoniacale.............		» »
Goudron		20 p. 0/0
Brais gras solides à froid, déperditions diverses de gaz, vapeurs des huiles et des goudrons....................		10 p. 0/0
		100 p. 0/0

100 PARTIES D'HYDRO-CARBURES DE BOG HEAD DÉCANTÉS, OBTENUS A 1,000° PROVENANT DE LA FABRICATION DU GAZ, DONNENT :	DENSITÉ	QUANTITÉS
Huile légère................	0,92	17 p. 0/0
Huile lourde................	0,99,8	30 p. 0/0
Paraffine...................		» »
Huiles paraffinées...........		» »
Eau ammoniacale............		» »
Goudron		5 p. 0/0
Brais gras solide à froid, déperditions diverses de gaz, vapeurs des huiles et des goudrons....................		42 p. 0/0
		6 p. 0/0
		100 p. 0/0

100 PARTIES D'HYDRO-CARBURES DE SCHISTES LIGNIFÈRES DÉCANTÉS, OBTENUS A UNE TEMPÉRATURE DE 800°, RENDENT	DENSITÉ	QUANTITÉS
Huile légère.................	0,84	33,77
Huile lourde.................	0,93	27
Paraffine...		»
Huiles paraffinées............		7,69
Eau ammoniacale		3,10
Goudron		24,36
Brais gras solide à froid, déperditions diverses de la vapeur, gaz des huiles et des goudrons........................		4,08
		100 p. 0/0

Remarque importante : L'élévation de température de 425 à 1,000 degrés, dans la distillation sèche du *bog head*, fournit l'enseignement suivant :

Les produits obtenus à une température qui ne dépasse pas 425 degrés se classent ainsi :

    60 p. 0/0 huile d'une densité de 0,82 50
    3   id.   id.   0,85 1/2
    20 p. 0/0 goudrons.

Les produits obtenus à la température de 1,000 degrés, présentent, au contraire, le caractère suivant :

    Huile au-dessus d'une densité 0,92...... 17 p. 0/0
    Id.   id.   0,99,8..... 30 id.
    Brai sec........................... 42 id.

Ce parallèle servira-t-il d'enseignement aux fabricants d'hydro-carbures lignifères ? Réformeront-ils la marche de leurs opérations faites à une température trop élevée? Ces industriels dénaturent et perdent leurs produits. Leurs fabriques ressemblent à des usines à gaz. Ils travaillent contrairement aux lois prescrites dans le but d'obtenir la plus grande quantité d'hydro-carbures liquides.

Arrivons au traitement industriel des schistes lignifères et aux appareils qui leur sont propres.

De l'Exfoliation des Schistes lignifères. Le refroidissement des hydro-carbures s'étant opéré entre les feuilles des argiles, les schistes lignifères sont exfoliés au moyen d'une machine mue par la vapeur. Cet instrument, armé de plusieurs lames tranchantes très-rapprochées, exfolie d'un seul coup un ou plusieurs blocs de schistes. L'exfoliation a l'avantage de mettre les carbures d'hydrogène découverts en contact plus direct avec la chaleur. Une température moins élevée suffit pour les extraire de la masse argileuse en vapeurs condensables ou à l'état liquide.

Partout où on distille bien, en France, en Angleterre et en Allemagne, les schistes s'exfolient. M. Payen a eu raison de dire que le délitage en morceaux d'une épaisseur qui varie entre trois ou quatre centimètres, facilite la décomposition, et que la distillation s'effectue pour tous les morceaux dans le même temps.

L'exfoliation et le cassage sont deux opérations distinctes et nécessaires.

Distillation sèche des Schistes lignifères. — Plus de Cornues. Distillation sans fin et sans interruption, au moyen de fours maintenus à une température constante.

Les schistes exfoliés, puis concassés, imprégnés d'un lait de chaux, sont chargés dans des caisses en toile métallique galvanisée.

Les cornues horizontales en fonte, toutes les fois que le chauffage se fait avec des lignites, seraient supprimées. L'acide pyroligneux qu'ils contiennent, corrode les retortes et les met, en très-peu de temps, hors de service.

On a essayé de distiller les schistes lignifères au moyen de cornues verticales, à tubulures intérieures destinées à l'échappement des vapeurs. L'expérience a démontré les vices de ce système. Les produits volatiles se brûlent contre les parois de la retorte, au fur et à mesure que l'opération avance et que les schistes distillent et s'affaissent.

M. Péclet, dans son Traité de la Chaleur, a écrit que MM. Thomas et Laurent ont appliqué avec succès la vapeur surchauffée à la distillation des schistes bitumineux; il reconnaît aussi que cet agent peut rendre, dans ce cas, de véritables services. M. Hubner le nie.

Nous renonçons aux cornues en fonte et en terre réfractaire. Ces dernières se cassent et n'ont pas résisté aux variations de température. Nous les remplaçons par des fours d'un nouveau modèle.

Chaque four a une capacité suffisante pour recevoir quinze caisses plates en fils de fer galvanisé, montées sur quinze châssis en fer. Une caisse a 1 mètre 0,50 de longueur intérieure, 0,60 de largeur et 0,10 de hauteur; elle est chargée de schistes cassés et sert à les enfourner. Le four est construit avec des briques et des pièces réfractaires moulées. Celles du cintre ont la forme d'un grand D couché ⌒. La hauteur intérieure est de 0,50. A la naissance du cintre, nous plaçons une gouttière adhérente à la brique et moulée avec la pièce.

Les schistes exfoliés, cassés, aspergés d'eau de chaux sont chargés dans des caisses montées sur bâtis en fer. Agrafées à deux chaines, celles-ci fonctionnent parallèlement dans le four; un engrainage les met en mouvement. Une caisse pleine est introduite en même temps qu'il en sort une distillée; aussitôt dégrafée, elle est recouverte d'un étouffoir et est placée sur un chariot.

La caisse chargée est introduite dans le four en s'élevant de bas en haut; au contraire, celle qui est distillée s'abaisse, l'opération suit et représente la marche d'une turbine.

Par ce procédé, la distillation n'est jamais interrompue. L'introduction et la sortie d'une caisse chargée et d'une distillée se font simultanément.

La première s'élève, la seconde s'abaisse. Ce qui rend impossible la déperdition des vapeurs en suspension dans le four, lesquelles tendent toujours à monter.

Le service du chargement et du déchargement terminé, les deux ouvertures du four sont fermées hermétiquement au moyen de deux obturateurs en fonte; nous les lutons.

Un four est chauffé par cinq foyers. Les flammes d'un foyer frappent directement une partie de la sole qui contient trois caisses, et s'élèvent sur les deux côtés du four jusqu'à la hauteur de 0,10 centimètres. Nous plaçons, sur le milieu du four, dans sa largeur, trois tuyaux de dégagements des vapeurs d'hydro-carbures, un seul nous paraît insuffisant. Ils s'ajustent tous, soit sur le tuyau d'introduction dans les chambres de condensation, soit sur un tube annulaire fonctionnant à l'instar d'un réfrigérant de Leibig. La température de ce dernier ne descend jamais au-dessous de 0,10 degrés.

La sole des fours est en dalles, à emboîtements hermétiquement jointoyés. Ces pièces sont fabriquées avec des débris broyés et tamisés de vieilles cornues, bien nettoyées de goudrons, ou avec des terres réfractaires grillées et mélangées par moitié avec de l'argile lavée au crible hydraulique, débarrassée de toutes traces de fer.

La sole des fours légèrement inclinée, facilite l'écoulement des produits liquides. Ils ont leur issue pratiquée du côté latéral affecté au déchargement des caisses de schistes distillés. Goudronneux et très-lourds, ces produits sont recueillis à part et dans un autre récipient que les hydro-carbures condensés qui s'écoulent de la gouttière. A la fin de chaque opération, un racloir, attaché aux chaînes qui fonctionnent dans l'intérieur du four, entraîne les produits goudronneux liquides, empêche les dépôts de carbone qui accroissent l'épaisseur des parois et rétrécissent les sections.

Quinze caisses forment une batterie, desservie par un tube commun réfrigérant annulaire. Par quatre batteries, nous établissons une cheminée, des chambres de condensation, s'il n'existe pas de tube annulaire, et un cylindre en fonte, garni de fragments de coke arrosé par une pluie d'eau froide. A chaque batterie, nous attachons deux récipients florentins. L'un reçoit pendant vingt-quatre heures seulement les produits de la distillation; pendant les autres vingt-quatre heures, la séparation des eaux, des hydro-carbures et des goudrons s'y opère par la différence des densités et des points de fusion.

Chaque batterie distille 7,000 kilos par vingt-quatre heures. Une usine de schistes lignifères prospèrera, à la condition d'établir douze batteries et de bien traiter à basse température, par vingt-quatre heures, 84,000 kilos. En Irlande, les Anglais font passer dans des retortes jusqu'à 100 tonnes de tourbe par jour. Nos voisins ne craignent pas de racheter, par les quantités, la pauvreté d'une matière première devenue entre leurs mains l'objet d'une industrie importante et lucrative.

Les fours sont disposés de manière à recevoir des paniers en toile métallique galvanisée. Ils seraient remplis de sulfate de fer, servant à fixer les matières azotées. On empêche ainsi la formation du sulfure d'ammonium.

Construits en briques et en pièces réfractaires, les fours seraient d'une grande durée. Nous avons vu à la manufacture de Sèvres ceux qui servent à cuire la porcelaine. Ils sont en très-bon état après vingt-cinq années de service. Leur température est toujours pourtant quatre fois plus élevée que celle de la distillation sèche des schistes.

A l'intérieur du four, il règne, tout autour, une gouttière ayant la forme de celle des alambics en verre. Elle sert de récipient aux gouttelettes qui coulent des cintres des chapiteaux. Les hydro-carbures sont ainsi préservés de la décomposition qui s'opère en retombant sur les schistes chauffés. Ces fours seraient recouverts, dans la partie supérieure, d'un revêtement en feuilles de tôle, dans le but de les garantir contre les inconvénients des fissures et des cassures.

Pyromètres métalliques.

Les fours sont munis de deux pyromètres *avertisseurs* mettant des timbres ou des cloches en mouvement. La distillation des schistes commence vers 310 environ. Veut-on s'assurer si la chaleur est descendue à une température où les schistes ne distillent pas? il suffit d'introduire un morceau de plomb fusible entre 320 et 330 degrés. Si ce fragment reste intact, il y a preuve acquise que le chauffage est mal fait; s'il fond, un timbre ou une cloche sont mis en mouvement par le poids du métal qui coule sur une plaque en communication avec l'une ou l'autre des sonneries.

La température la plus élevée des fours ne devant jamais dépasser 415 p. 100, on la vérifierait en introduisant un morceau de zinc fusible à 430. S'il y a fusion, le poids du métal fondu aura immédiatement une action sur la cloche ou sur le timbre. Autre moyen de constater la marche des fours: la température des vapeurs d'hydrocarbures bien traités ne doit jamais, à la sortie de l'appareil distillatoire, marquer 325 degrés centigrades. Un thermomètre est fixé sur le tuyaux adapté aux cols de cygne, les contre-maîtres le consulteront pour régler la marche de la distillation sèche.

Les hydro-carbures que contiennent les schistes exfoliés et cassés doivent être, suivant l'expression de M. d'Arcet, distillés à la plus basse température possible. A une température élevée, il y a décomposition des carbures d'hydrogène. La chaleur engendre du gaz et accroît le volume des dépôts charbonneux. Les distilleries de *bog head* s'attachent surtout à éviter ces derniers; ils maintiennent les cornues à une température qui peut varier entre 400 et 410 centig. Ce dernier degré devrait être atteint seulement à la dernière heure.

A la distillation sèche, les produits peuvent-ils se fractionner? Assurément, oui. La température, maintenue pendant plusieurs heures au-dessous de 400 degrés, permet d'en recueillir la plus grande partie sans goudrons. Ces derniers seraient portés à l'état de vapeur (nous n'en reconnaissons même pas la nécessité) à la dernière heure seulement de la distillation, mais la température de 410 degrés ne serait pas dépassée. Moins la chaleur est grande, plus la production en huile légère est abondante; les hydro-carbures demandent à être engendrés à l'état de vapeur, mais jamais à l'état gazeux. Les appareils distillatoires seraient disposés de manière à faciliter l'échappement des vapeurs par le haut, et à favoriser, par le bas, l'écoulement des produits condensés et liquides. Les procédés de fabrication du gaz sont diamétralement opposés à ceux qu'exige la fabrication des huiles. Les gaziers précipitent les opérations, et chauffent entre 1000 et 1100 degrés; les fabricants d'hydro-carbures obtiennent une grande quantité de produits légers à la condition seulement de distiller lentement, longuement, et de graduer leurs températures. Il y a, on le sait, deux espèces de distillations : la première par ascension, dans les cornues, des vapeurs qui s'échappent par le haut; la seconde, par descensum, comprend les produits déjà condensés et ceux liquides, ils s'écoulent par la gouttière et par le bas de l'appareil distillatoire.

La première de ces deux manières repose sur la connaissance des points d'ébullition des matières à traiter. Pour les schistes lignifères, ces points sont ceux exprimés dans le tableau suivant :

DENSITÉ		MAXIMUM DES POINTS D'ÉBULLITION
Huile photogène	0,93	0,300
Huile solaire	0,96	Au-dessus de 300
Huile paraffinée	»	De 300 à 390
Goudron	»	De 400 a 415

De la condensation.— Suppression des serpentins. La condensation du gaz et des vapeurs d'hydro-carbures lignifères, au moyen des serpentins, laisse beaucoup à désirer. À Marseille et en Allemagne, ces réfrigérants sont remplacés par des condensateurs mieux entendus. Nous proposons deux modes de condensation : Le premier s'opérerait au moyen de flacons laveurs ayant la forme d'une cloche renversée; ils contiennent une couche d'eau froide assez épaisse, sous laquelle débouchent les tuyaux chargés de vapeurs d'hydro-carbures. L'arrivée du liquide réfrigérant est disposée de manière à inonder et à entraîner avec violence les vapeurs d'hydro-carbures dans la masse refroidie.

Après avoir successivement traversé trois nappes d'eau froide, les vapeurs de carbures d'hydrogène non condensées sont dirigées sur une colonne garnie de chaux, de coke et de sulfate de fer. Ces fragments sont arrosés par une pluie qui s'échappe d'une pomme d'arrosoir. L'eau peut être remplacée avantageusement par des laits de chaux; ceux-ci décomposent le carbonate et le sulfhydrate d'ammoniaque mêlés aux produits pyrogénés.

Chacun des trois flacons laveurs, après la condensation, contiendrait évidemment des produits différents: Les goudrons, qui se liquéfient à la température de 380, se retrouveraient dans le premier flacon;

Les huiles lourdes et paraffinées dans le second;

Les huiles photogènes dans le troisième;

La colonne serait traversée par les produits qui servent à la fabrication de la benzine et par ceux ammoniacaux.

Les hydro-carbures sont décantés par le haut au moyen de syphons.

A l'inconvénient de très-imparfaitement condenser les vapeurs pyrogénées, les serpentins en plomb en offrent un plus grand encore, celui de coûter très-cher. Les fabricants d'hydro-carbures, par mesure d'économie, évitent toujours de leur donner une dimension convenable. Les Allemands les remplacent par un long tube en tôle, entouré par un autre d'un diamètre plus grand. Le tuyau d'enveloppe est rempli d'eau froide sans cesse renouvelée. Le tube intérieur reçoit les produits de la distillation.

A Marseille, les directeurs de la fabrication des huiles de *bog head* ont aussi renoncé aux serpentins. Ils ont publié un Mémoire dans lequel ils décrivent l'appareil qu'ils ont inventé pour les remplacer.

Autre système de condensation : Nous attendons de bons résultats de l'établissement de trois chambres de condensation maintenues à des degrés différents de température refroidie. Les hydro-carbures s'y condensent et s'y séparent.

La première chambre, à une température de 280 à 290 degrés, arrête les goudrons et les paraffines entraînés qui se vaporisent à 300 degrés et se condensent au-dessous.

La deuxième chambre, à une température de 120 degrés, sert à recueillir toutes les huiles photogènes; elles s'y trouvent privées d'eau.

La troisième chambre, à une température de 0,50 degrés, retient les derniers produits avec lesquels on fabrique la benzine. Les hydro-carbures seraient mêlés à l'eau ; ils s'en sépareraient par leur densité, en faisant usage du récipient florentin.

Les matières azotées, qui se volatilisent de 102 à 103 degrés centig., sont fixées par des sulfates de fer et de la sciure de bois.

A la suite de la troisième chambre, trois ou quatre très-longs conduits annulaires aboutissent, soit à une ou plusieurs vieilles cornues en fonte hors de service, soit à une ou plusieurs colonnes en tôle, garnies de fragments de coke sous lesquels tous les gaz et toutes les vapeurs non condensées seront dirigés. Ces fragments sont continuellement injectés par une pluie tombant de pommes d'arrosoir.

L'action de la chaleur altérant considérablement les produits pyrogénés, nous préférons séparer les huiles photogènes et solaires, les huiles paraffinées, les goudrons, les soufres par descensum. On opèrerait, en observant leurs différents points de fusion.

	MAXIMUM DES POIDS DE FUSION
Huile photogène	0,43 à 0,50
Huile paraffinée	0,50 à 75
Goudron	0,80
Soufre	108 ou 117, suivant M. Gay-Lussac.

Un serpentin, placé à l'intérieur de la bâche contenant les produits bruts, alimenté par un jet de vapeur, porte les hydro-carbures à la température de 0,43 à 0,50 degrés, limites du point de fusion des huiles photogènes.

De 0,50 à 0,75 il y a écoulement de la paraffine. De 0,80 à 0,95 degrés, séparation des goudrons et des soufres. La distillation par descensum, s'arrêtant après la séparation de la paraffine, aurait l'inconvénient de livrer au commerce les goudrons infectés de soufre. Ceux-ci sont très-faciles à isoler, leur point de fusion est 108, ou 117 suivant **M. Gay-Lussac.** Il est indispensable d'ajuster au robinet de sortie des hydro-carbures, une toile métallique très-serrée, en forme de filtre. Elle retient les parcelles de paraffine et de goudron entraînées mécaniquement.

Traitement des hydro-carbures par l'Acide sulfurique. Nous arrivons au traitement des hydro-carbures par les acides. Les huiles d'une densité de **0,93**, sont battues à l'acide sulfurique dans la proportion de cinq pour cent, puis neutralisées par l'eau seulement.

L'agitation étant mal faite à la batte, un chimiste allemand a proposé une batteuse en fonte ; elle donne des résultats plus satisfaisants.

Suppression des battages. Tous ces battages, toutes ces agitations sont d'une main-d'œuvre coûteuse et laissent à désirer. Il ne s'agit pas d'opérer un dédoublement, mais d'obtenir une purification. Il est préférable d'introduire lentement les hydro-carbures, soit en vapeurs, soit à l'état liquide, par le bas d'un récipient rempli au cinquième d'acide sulfurique. Plus légers que l'acide, les hydro-carbures traverseraient deux ou trois couches d'acide sulfurique et déposeraient en les oxydant, les matières organiques en suspension.

Si le passage répété des hydro-carbures, à travers les couches d'acide sulfurique, était insuffisant, nous ne recourrions plus à l'agitation par des battages et par des batteuses. Il existe un meilleur procédé de purification des hydro-carbures. Au moyen d'un piston, le récipient en fonte qui contient les carbures d'hydrogène et l'acide sulfurique, serait renversé et redressé plusieurs fois par minute.

Des alambics. Les alambics sont chauffés avec la vapeur d'eau surchauffée. Cette réforme est introduite dans toutes les fabriques d'hydro-carbures d'Europe. L'alambic peut être de forme allongée, mais ne doit avoir que peu de hauteur; on empêche ainsi les vapeurs de se condenser dans la partie supérieure du chapiteau.

A l'exception du trou d'homme qui reste exposé au contact de l'air, l'appareil distillatoire et le chapiteau sont logés dans des carneaux chauffés. La faible chaleur latente des vapeurs d'hydrocarbures rend indispensable cette mesure, sans laquelle les produits condensés seraient décomposés en retombant sur les parties bouillantes du liquide contenu dans l'alambic, au moment où le maximum de chaleur est atteint. Les alambics sont tous munis de gouttières à l'intérieur.

Des Récipients mobiles placés dans les fours à distiller. Nous facilitons l'échappement des vapeurs en introduisant dans un alambic très-allongé, divisé par compartiments, plusieurs récipients mobiles, n'ayant en hauteur que les deux tiers seulement de l'appareil qui les enveloppe. Chaque récipient a un col de cygne, un tuyau de décharge et un trou d'homme. Chargés tous en même temps, ces récipients posent sur le fond des fours et des alambics ; ils s'élèvent insensiblement avec l'accroissement de la chaleur et avec la marche de la distillation qui se fait à la température graduée de 0,60 à 0,300 degrés. Nous remplaçons les alambics par un long four en briques avec revêtement en tôle.

Réduction des densités des Huiles solaires et paraffinées.

Les huiles extraites de la paraffine en écaille, par une pression de 150,000 kilos, sont distillées avant d'être traitées par l'acide sulfurique, en présence de l'eau et de la chaux hydratée. La température est graduée depuis 0,70 jusqu'à 300 degrés. Toutes les vapeurs d'hydro-carbures traversent un assez gros tube de fer, chauffé par moitié seulement à 430 degrés. La partie du tube exposée à l'action du feu est garnie de fragments de chaux, de sulfate de fer et de pierre ponce.

Les huiles solaires et paraffinées, ramenées par cette opération à une densité de 0,85 à 0,86, traversent plusieurs couches d'acide sulfurique. Neutralisées par l'eau, elles sont soumises à une distillation ménagée. La densité et la qualité de ces hydro-carbures seront celles des huiles photogènes. En résumé, plus d'huiles lourdes !

Opérant à une température trop élevée, les fabriques d'hydro-carbures sont généralement encombrées de produits solaires. Ces pétroles lourds donnent un magnifique éclairage, toutes les fois qu'ils sont brûlés dans des lampes Dargant, dans des carcels ou dans des lampes à niveaux constants, système Dony. Le passage des huiles so-

laires à travers un tube de fer, garni de chaux, de sulfate
de fer et de pierre ponce; au besoin, même, d'un corps
réducteur, remplace avantageusement les battages à 0,30
degrés avec le sulfate de fer, et plus avantageusement
encore les réactions à 60 degrés centigrades opérées avec
un mélange d'agents énergiques, tels que l'acide sulfurique, l'acide chlorhydrique et le bicromate de potasse.
— Ces procédés, recommandés par les chimistes allemands, sont mis en pratique au-delà du Rhin, par les
fabricants d'hydro-carbures.

Rectification.

Nous supprimons complétement les battages et les
agitations aux alcalis, à la soude, à la chaux et à la potasse. Ils occasionnent une main d'œuvre coûteuse et
inutile. Un meilleur résultat est obtenu en distillant les
huiles photogènes ou réduites avec un bon lait de chaux.
Il faut avoir soin, pendant la durée de l'opération, d'ali-
menter l'appareil distillatoire d'eau ou de vapeurs d'eau
et de renouveler la chaux. La rectification en présence de
la vapeur d'eau et de la chaux hydratée, donnera, des
huiles blanches qui ne bruniront plus et qui ne change-
ront pas de couleur.

L'eau et la chaux neutralisent le soufre et l'ampéline
ou créosote, qui colorent les huiles empyreumatiques.

Lavage et filtrage des produits distillés.

Les produits de la distillation arrivent par le bas dans
un récipient rempli d'eau chaude, traversent la couche
avec laquelle ils sont fortement agités, en renversant et
en redressant, comme nous l'avons dit, cet appareil.
Après quelques heures de repos, les huiles sont décan-

tées et filtrées à travers un tissu d'un grain très-serré.

Les lavages et les filtrages enlèvent jusqu'aux dernières traces d'acide et de chaux. On retrouve souvent une légère poussière de cet agent alcalin, sur les becs de lampes alimentées par des huiles qui n'ont pas subi la dernière épuration que nous venons d'indiquer.

Envaselage des hydro-carbures. L'envaselage au broc serait supprimé. Il se ferait au moyen d'un injecteur à jet continu ou discontinu, confectionné sur le modèle de l'appareil Eguisier.

Du traitement de la paraffine. La paraffine est très-économiquement purifiée et blanchie par des pressions à chaud et en la faisant bouillir avec de l'acide sulfurique ou des huiles de schistes blanches.

Des étrindelles en crins, en forme de sacs, remplies à moitié de paraffine brute, sont d'abord soumises sous une presse hydraulique, à la pression de 150,000, kilos, à une température graduée variant de 0,43 à 0,75 degrés. Les étrindelles retiennent les goudrons qui ne sont pas encore fusibles, et toutes les impuretés. Si la séparation des huiles de la paraffine solidifiée, n'est pas complète, les premières sont extraites par un courant de vapeur ou au moyen d'une essoreuse, appareil centrifuge qui fait 2,000 tours à la minute.

Traite-t-on la paraffine par l'acide sulfurique? on chauffe jusqu'au moment où elle sera d'une blancheur éclatante. Un filtrage suffit pour séparer les parties purifiées de celles oxydées. L'acide sulfurique provenant de la purification des hydro-carbures peut servir à ce traitement.

Le blanchiment par les hydro-carbures s'obtient à la température graduée de 0,43 à 0,75 degrés; il y a trois opérations : A, chauffage de la paraffine en écaille avec les huiles blanches; B filtrage ; C pression hydraulique à chaud. Chacune de ces opérations est répétée trois fois. — L'huile qui a été employée à cette purification est redistillée. Elle n'a perdu aucune de ses qualités comme pouvoir éclairant.

La paraffine est encore obtenue pure et blanche, par un procédé indiqué par le fils du savant allemand Rechenbach. Après filtrage et pression à chaud, ce chimiste distille la paraffine en présence de l'acide sulfurique. La cornue est doublée de plomb, ou fabriquée en terre réfractaire assez épaisse, pour que le produit ne s'échappe pas par les pores, ce qui arrive dans les cornues de grès de Hesse.

La paraffine est un produit nouvellement découvert par Reichenbach dans le goudron de hêtre. On l'extrait aussi par une distillation ménagée du goudron de la houille, de la tourbe, des schistes bitumineux, des naphtes, des pétroles, de l'ozokérite, des schéerites. Cette substance est inerte, et n'entre pas en combinaison chimique. Son nom l'indique : *Parum affinis*, veut dire peu d'affinité pour les autres corps, et indifférence à l'action des réactifs chimiques. La paraffine, sous le rapport physique, est une matière concrète, onctueuse, ressemblant au blanc de baleine ; elle peut être distillée sans perdre son caractère essentiel et sans se convertir en produits empyreumatiques. Pressée et privée d'huile, elle ressemble à des écailles de poisson. En France, en Allemagne, en Angleterre et en Russie, la paraffine sert à la fabrication de très-belles bougies, d'une durée bien plus longue et d'un usage meilleur que les bougies stéariques. M. Kolmann, dans un article sur l'histoire de la paraffine, inséré dans le *Journal général des sciences naturelles* en 1854, constate le pouvoir supérieur éclairant de la paraffine sur la stéarine. Les expériences photométriques ont démontré que par heure, 1 partie de paraffine est brûlée contre 12 parties de stéarine. Cette fabrication a pris beaucoup d'importance dans ces dernières années; en Angleterre, nous pouvons citer la fabrique de M. Price à Belmont; celle de MM. Coigniet et Haussollier à Colombes, près Paris, et la grande usine de Prusse (1).

(1) Consulter, sur la fabrication de la paraffine, les travaux de MM. de Belfort, Wilson, Reichenbach, Langlois, Borel et Ayrie, Coigniet et Haussollier, Rohart, Gerhart, Laurent, Magnus, Hofstadter, Kohlmann, E. Davies, J.-M. Syers et C. Humfrey, Kernot, Alcan, Hubner, White, Christison, Grégory, Reece, Wiesmann de Bonn, Malagutti, Walter, Schrotter, de Young, de Wagenmann, de C. M. auteur de la purification avec l'acide stéarique.

TABLEAU *des points de fusion de la paraffine, de l'ozokérite, des cires et des suifs fossiles* (1).

	CRISTAL-LISABLE.	POINT DE FUSION	
Paraffine de la tourbe..		0,46.7	Provenant d'Irlande.
Paraffine du bog head.	0,45	0,52	
Paraffine des schistes de Bonn. . .		0,67 à 0,61	
Naphte de Rangeon.		0,61	
CIRE FOSSILE, SUIFS DES MONTAGNES :			
Fichtélite d'uznach..		0,45	
Schéerite de Saint-Galles.		0,45	
Suif de loch fine en Ecosse.		0,47	
Ozokerite, cire fossile de Gallicie (1)		0,60 à 0,65	
Ozokerite de Moldavie.		0,84	
Hartite d'Oberhart (Autriche).. . .		0,74	
Hatchetine de Saint-Galles.		0,76	
Ixolyte d'Oberhart.		100	
Konlite d'Usnach.		114	

Des Eaux ammoniaca-
les, fabrication du
sulfate (d'ammonia-
que et d'engrais.

Les eaux ammoniacales servent à fabriquer des sulfates recherchés par l'agriculture et par la teinture.

M. Bastide, chimiste attaché à la compagnie Richer, à Paris, cristallise l'ammoniaque en employant l'acide sulfurique à 0,55 degrés. D'autres industriels recueillent les vapeurs ammoniacales sur du sulfate de fer mélangé avec de la sciure de bois ; ils font ainsi de bons engrais.

L'acide sulfurique ayant servi à purifier les hydrocarbures peut encore être employé à la fabrication économique du sulfate de fer et des sels ammoniacaux.

Mélangées aux résidus ammoniacaux des fours de distillation, les eaux ammoniacales fournissent un excellent

(1) Voir aux notes n° 4.

engrais. **En Allemagne**, on brûle les lignites dans le seul but d'en répandre les cendres sur la terre.

Des Huiles photogène et solaire.

La photogène n'est jamais teintée, elle est complétement incolore. La solaire est d'une nuance paille claire. Cette dernière s'obtient blanche, en la soumettant à un nouveau battage à l'acide sulfurique et à une seconde distillation en présence de la vapeur d'eau et d'un lait de chaux renouvelé pendant le cours de l'opération. Préparée par la méthode que nous venons d'indiquer, nous avons obtenu des huiles blanches, d'une densité de 0,90. Elles ont brûlé parfaitement dans une lampe à schiste ordinaire, par la seule capillarité de la mèche. Leur pouvoir éclairant était supérieur.

La photogène et la solaire ne doivent jamais changer, ni brunir, encore moins carboniser la mèche des lampes.

La consommation de la photogène et de la solaire, brûlées, pendant une période égale de temps, dans des becs d'un calibre de pareille dimension a été absolument la même. La solaire, dégage plus de lumières, et présente des conditions d'éclairage plus économique.

Des expériences photométriques ont été faites à Vagnas par M. O. de Lalande, sur les hydro-carbures lignifères. Il s'est servi de lampes de Aubineau, de Maryx, de Guillemot et de Berthier, de Paris; de celles de Ducart, de Lyon, de celles de Guy, de Montpellier. Il a comparé les huiles de Vagnas avec celles d'Autun et de Buxières-la-Grue, avec celles de Bog head distillées à

Marseille. Les huiles de schistes lignifères ont toujours eu un pouvoir éclairant égal et supérieur.

Les hydro-carbures lignifères, débarrassés par la chaux et les sulfates de fer des sulfhydrates d'ammoniaque, brûlent sans odeur.

Les lampes dans lesquelles se vaporisent les hydro-carbures lignifères, d'une densité de 0,84,5 comme celle du naphte, sont à double courant d'air, l'un à l'intérieur du bec, l'autre à l'extérieur. Leur pouvoir éclairant est splendide.

Un litre d'huile photogène de schistes lignifères, marquant la densité du naphte, aura la même durée et un pouvoir éclairant souvent supérieur aux produits des hydro-carbures dérivés de la houille, dont la densité marque 0,80 et 0,82 degrés centig.

En ce qui concerne les appareils, appelés lampes, inventés pour brûler les hydro-carbures, M. Delaunay nous en a exposé les principales dispositions dans son *Traité de mécanique*, paragraphes 363 à 369.

La combustion, a écrit M. Péclet, réside uniquement dans le fait de la combinaison d'un corps avec l'oxygène.

Un chapitre est consacré dans tous les cours et dans tous les traités de chimie, au rôle de l'oxygène dans la combustion et dans la flamme. Il nous suffira de dire qu'une flamme est le résultat de l'incandescence des corps portés à l'état de gaz ou de vapeurs. Elle est produite par l'hydrogène et le carbone, lesquels, sous l'in-

fluence d'une haute température, forment des hydrogènes carbonés, décomposés par l'oxygène qui les rend
incandescents, en produisant avec le dernier, de l'acide
carbonique ou de l'oxyde de carbone, et avec le premier, de l'eau.

Les gaz enflammés conservent leur incandescence à
la condition que la température ne sera pas abaissée.
Un courant d'air brusque et prolongé refroidit les gaz
en combustion et éteint la flamme; un courant d'air
modéré l'active; un courant d'air insuffisant la rend
languissante et fumeuse. Dans ce dernier cas, le carbone refroidi se dépose sous forme de noir de fumée.
Le pouvoir éclairant est intense, au contraire, toutes
les fois que le carbone est maintenu en état d'incandescence par la température de l'hydrogène enflammé au
milieu duquel il se dégage.

Les hydro-carbures lignifères, riches à la fois en carbone et en hydrogène, sont un produit parfait pour l'é-
clairage (1).

La négligence et la malpropreté, apportées généralement dans le service de ces appareils, nous ferait donner la préférence aux mèches d'amiante; il serait inutile de les couper.

En ce qui concerne les verres de lampe, ceux à boule
sont d'un mauvais usage, ceux ordinaires des lampes à

(1) M. Viard a inventé un petit appareil destiné à modifier et à régler les
courants d'air des lampes, suivant les diverses espèces d'hydro-carbures
consommés dans les lampes à schiste.

huile de colza allongent trop souvent la flamme. Nous avons toujours constaté les bons effets du verre Aubineau.

Des lampes très-économiques ont été inventées à Paris dans ces derniers temps. Elles coûtent d'acquisition 5 francs à peine, et consomment 0,04 centimes d'hydro-carbures par heure.

Intensité lumineuse comparée des différents modes d'éclairage :

TYPE : *la Lampe Carcel.*

```
1 heure d'éclairage coûte, avec des bougies stéariques.  20 cent.
        Id.              avec des chandelles.............  15
        Id.        Lampe Carcel à l'huile de colza......  06
        Id.        Lampe à l'huile de schiste lignifère.  04
```

Il existe des lampes d'une consommation plus économique encore, elles s'achètent 3 francs, dépensent 1 centime par heure et produisent le pouvoir éclairant de cinq bougies.

En résumé, une lampe à schiste du plus grand modèle dont le bec a la capacité de 16 lignes, possède une puissance éclairante de 23 bougies, en moyenne. Elle dépense :

```
        Par seconde...  0 fr. 00 c. 89 1/4
        Par heure......  0     05    34 1/4
```

la Distillation des lignites.

Passons à une dernière question : l'extraction des émanations d'hydro-carbures refroidies dans les schistes lignifères, donnant naissance à une industrie importante, pourquoi ne distillerait-on pas le lignite parfait et les lignites ligneux que les allemands appellent braunkole ou charbon brun? Les lignites, a écrit M. Challeton de Brugard, sont les houilles du terrain tertiaire ou de formation postérieure à la craie, ils se trouvent dans l'argile plastique. Pourquoi perdre les carbures d'hydrogène qu'ils renferment? Nous faisons cette remarque après avoir pris connaissance des travaux des chimistes allemands, ceux-ci ont créé au-delà du Rhin la fabrication des huiles photogènes et solaires de lignites;

La fabrication de bougies de paraffine de lignites,

La fabrication des cokes de lignites ;

La fabrication des bitumes de lignites :

La fabrication des engrais de lignites.

Tous ces genres de fabrication sont réunis dans la fabrique de Bitterfeld, près Halle, dirigée par M. Hubner. Un savant chimiste allemand, M. Frésenius, a publié un travail très-remarquable sur la distillation sèche des lignites.

Ainsi que cela se pratique pour les houilles, les lignites parfaits seraient débarrassés par un lavage hydraulique des pyrites de fer et de la terre qu'ils contiennent en grande quantité. Ils seraient ensuite soumis à une distillation sèche à basse température. Elle produira une matière goudronneuse qui renferme des huiles d'éclairage, des paraffines et de l'asphalte. Les fours ou les cornues contiennent un excellent coke, riche en carbone, suivant les diverses espèces de lignites, dans une proportion de 0,73 à 0,33 p. 100. Il renferme à peine 1 p. 100 de cendres ; il brûle facilement et peut être employé absolument comme le charbon de bois ; il ne répand pas d'odeur fétide et ne corrode ni les appareils en fonte ni ceux en fer ou en cuivre. Le midi de la France, l'Italie, la Grèce, l'Orient produiraient à très-bon marché un combustible d'une vente assurée, d'une application industrielle immédiate. Ce coke serait recherché pour chauffer les machines à vapeur et principalement celles des chemins de fer, des bateaux et des vaisseaux. Le prix minimum d'une tonne est évalué à 25 ou 30 francs. Les houilles de bonnes qualités manquent sur tout le littoral de la Méditerranée, elles viennent d'Angleterre et s'y vendent 50 et 60 francs la tonne.

L'usine d'hydro-carbures lignifères qui se livrera en même temps à la distillation sèche des lignites, recueillera un excellent coke qu'elle utilisera pour son chauffage ; il lui restera, en outre, 50 kilos d'huiles de paraffine et de goudron par chaque tonne distillée.

Avec les goudrons purgés de soufre, cette usine fabriquerait d'excellents péras artificiels. Ces derniers se façonnent avec des lignites passés au criblage hydraulique, séchés et impreignés de 7 à 8 p. 100 de goudrons, ils sont moulés encore chauds, sous une pression de 20 à 25,000 kilos. Le produit net en argent, par tonne de péras, dépasse 5 francs. Tous les bitumes qui sortent de la fabrication des huiles d'éclairage trouvent ici une application industrielle. Les péras seraient très-recherchés par la sériculture.

Le soufre, l'azote, l'acide pyroligneux que contiennent les combustibles du terrain tertiaire engendrent l'acide sulfhydrique et le sulfhydrate d'ammoniaque. Ces vapeurs pestilentielles infectent les chambrées et déterminent la maladie et la mort chez les Bombyx. C'est peut-être là une des causes, si ce n'est pas la seule de la gatine.

Les goudrons de lignite, convertis en charbon de cornues, servent à fabriquer aujourd'hui, pour l'industrie privée et pour les armées, des filtres épurateurs ayant la propriété de rendre potables les eaux croupies et corrompues.

En résumé, la distillation des lignites donnerait naissance, en France, à une industrie nouvelle comptant jusqu'à quatre branches de produits d'une vente assurée : le coke, les huiles d'éclairage, la paraffine et les goudrons.

Ces quatre produits seraient la source de profits certains et de bénéfices plus considérables que ceux réalisés dans la fabrication des huiles de schistes.

Matières colorantes. Les hydro-carbures lignifères contiennent des matières colorantes aussi belles que celles de la houille. Cette dernière produit déjà de magnifiques jaunes, rouges, violets, amarantes et bleus. Un seul chimiste, M. O. de Lalande, aurait, à notre connaissance, consacré quelques jours d'études à rechercher les principes tinctoriaux des lignifères. Il a entrevu une couleur rouge tirant sur la cochenille. Espérons que ce résultat fixera l'attention des Hofmann, Natamson, Perkins, Hoffmann, Depoully, Bobœuf, Gerber-Keller, auxquels la science et l'industrie sont déjà redevables, après Berzelius et Gerhardt, de la série des superbes couleurs nouvelles extraites de la houille (1).

(1) On peut consulter sur le traitement des hydro-carbures, les travaux de MM. W. de la Rue, Cahours, Piria, Sainte-Claire-Deville, Ciozza, Wagner, Wilson, Calvert, D'Arcet, M.-G. Shand, A.-M.-C. Léan, Wiesmann, Wagenmann, Hubner, Fresénius, Olivier de Lalande, Palle, Dolfus sur les huiles employées au graissage des machines, Bobeuf, White, Armand. On peut consulter aussi le répertoire de Chimie par M. Barreswill, les annales de Chimie, les feuilletons scientifiques des grands journaux, le *Technologiste* publié à Paris, le *Polytesnisches* publié à Augsbourg et à Stuttgard, les recueils scientifiques anglais, l'*Encyclopédie* Roret; Manuel du fabricant et épurateur des huiles, par MM. de Julia de Fontenelle et F. Malepeyre, pages 283 à 292. — Théodore de Saussure, Thénard, Cahours, Boscary, Chevalier.

NOTES

Note n° 1. — **M. Beudant,** *géologie*, page 208.

Au-dessus du grès rouge se présente ce qu'on nomme les schistes bitu-mineux.

Page 281 : Par terrains secondaires, on entend toute la série des dépôts qui viennent après le terrain granitique après les siénites et les gneiss, par l'expression de terrain tertiaire, on entend les trois divisions qui terminent la série régulière, après laquelle viennent les dépôts diluviens et les dépôts modernes, qu'on nomme quelquefois terrain quaternaire.

Page 190 : Le terrain houillier, ainsi nommé parceque c'est au milieu de ses dépôts que se trouve la houille, est en général formé d'une accumulation de grains quartzeux et feldspathiques réunis par un ciment argileux plus ou moins micacé, ordinairement grisâtre, il passe à des argiles schisteuses et à des schistes bitumineux qui ne sont que des grés très-fins.

Note n° 2. — (1) Gerhardt, § 2391. — Produits de la distillation des schistes bitumineux. Laurent, *Annales de chimie et physique*, L. xiv, 321. (1837).

Lorsqu'on soumet à la distillation les schistes bitumineux, on obtient outre les gaz inflammables, une huile empyreumatique d'une consistance épaisse. Celle-ci étant soumise à la rectification à une température croissante, on peut en séparer une série d'huiles volatiles dont le point d'ébullition varie entre 80 et 300.

— 51 —

Voici la composition de ces huiles (ancien poids atomique du carbone) :

LAURENT.

	80 à 95		120 à 121	169	nc² H²
Carbone.	86,0	85,7	86,2	85,60	85,7
Hydrogène. . . .	14,3	14,1	13,6	14,50	14,3
					100,0

La composition des huiles de schiste se rapproche de celle de l'hydrogène bicarboné.

L'huile qui passe entre 80 et 85, devient incolore si on la traite par l'acide sulfurique et qu'on la rectifie sur de l'hydrate de potasse, elle possède une densité de 0, 714 et ressemble beaucoup au naphte, sous le rapport de la composition et des propriétés. Le chlore, au soleil, en dégage de l'acide chlorhydrique et l'épaissit.

Lorsqu'on traite par l'acide nitrique concentré et bouillant les huiles, dont le point d'ébullition est compris entre 80 et 150, on obtient un acide particulier en petite quantité, l'acide ampélique.

L'acide ampélique est isomère de l'acide salicylique, C^{14} H^6 O^6. M. Laurent a donné ce nom à l'acide obtenu en petite quantité par l'action de l'acide nitrique concentré sur des huiles de schiste, bouillant entre 80 et 150, ainsi que sur des huiles de houille bouillant entre 130 et 160 — En même temps que l'acide ampélique, il se forme, dans le traitement (acide salicylique tome 3 de Gerhardt, page 321 — p. 1603) de l'acide picrique et une matière floconneuse.

L'ampéline est une substance, semblable à la créosote, que M. Laurent a obtenue avec l'huile de schiste, dont le point d'ébullition varie entre 200 et 280.

Pour obtenir l'ampéline, on agite cette huile à plusieurs reprises avec de l'acide sulfurique concentré ; puis on la mêle avec un quinzième ou un vingtième de son volume de potasse caustique en dissolution dans l'eau ; on laisse le tout en repos pendant un jour, au bout de ce temps, on trouve dans le flacon deux couches, dont l'inférieure, aqueuse, est plus abondante que la disolution de potasse employée. On décante la couche inférieure et on l'agite avec de l'acide sulfurique faible, qui en sépare une huile, laquelle vient à la suface ; on enlève celle-ci avec une pipette, on l'introduit dans un ballon, et on le fait légèrement chauffer avec dix ou vingt fois son volume d'eau ; l'ampéline se dissout, et il se sépare une petite quantité d'huile qu'on rejette ; on met ensuite dans la dissolution aqueuse, quelques gouttes d'acide sulfurique ; l'ampéline se sépare ainsi à la surface... L'ampéline possède une légère teinte, brun-jaunâtre; bien pure, elle serait incolore, elle ressemble à une huile grasse assez fluide.

Compte rendu de l'Académie, xxix, 339. — M. Saint-Evre, en traitant les huiles de schistes, par l'acide sulfurique, en les purifiant par des distillations réitérées, par la potasse fondue et l'acide phosphorique anhydre, a obtenu les hydrocarbures suivants :

$$C^{36}\ H^{34} \text{ bouillant entre } 175 \text{ et } 280$$
$$C^{28}\ H^{26} \quad\text{—}\quad 255 \text{ et } 260$$
$$C^{24}\ H^{26} \quad\text{—}\quad 215 \text{ et } 220$$
$$C^{18}\ H^{16} \quad\text{—}\quad 132 \text{ et } 135$$

NOTE N° 3. — APPLICATION INDUSTRIELLE DES CARBURES D'HYDROGÈNE

Le schiste bitumineux est une argile combinée avec des bitumes et des pétroles. On le trouve dans les terrains au-dessus du terrain granitique. Soumis à une calcination à vase clos, il dégage des produits volatils connus sous le nom de naphte, de pétrole et de bitumes. L'eau qui accompagne ces hydrogènes carbonés est chargée de principes ammoniacaux et sulfureux. Le résidu fixe ou terreux, pèse toujours de 20 à 50 p. 100 Exposé un certain temps à l'air, il produit quelquefois de l'alun.

Application industrielle de ces carbures d'hydrogène :

La principale consiste à fournir des huiles pour l'éclairage domestique et public. Ces huiles bien traitées et purifiées, brûlées dans des lampes spéciales établies pour leur combustion, ne donnent pas d'odeur. Les huiles de naphtes, remplacent la Benzine. Elles sont employées pour dégraisser les étoffes et nettoyer les gants. Elles servent à carburer les gaz et sont substituées à l'alcool pour extraire les matières colorantes.

Les huiles de pétrole remplacent l'huile de pied de bœuf et servent à lubrifier les machines. M. Barry a employé celle du bog head à l'extraction de la quinine.

La paraffine représente une cire fossile blanche. Elle donne un éclairage aussi beau, mais plus économique, que celui des bougies stéariques et de blanc de baleine, et que celui des bougies de cire.

Le bitume s'emploie pour asphalter.

Les huiles de schistes contiennent des matières colorantes aussi belles que celles extraites aujourd'hui de la houille.

Nous avons fait badigeonner, il y a deux ans, avec des huiles lourdes et goudronneuses de schistes lignifères, une treille de raisin atteint à Ville-d'Avray, de la maladie de l'oïdium. Ces vignes sont aujourd'hui en parfait état, La récolte de l'année est magnifique.

Tout nous fait espérer que très-prochainement, les fabricants d'hydro-carbures auront moins à se préoccuper du blanchiment et de la densité des huiles de schistes lignifères. Un ingénieur aurait inventé, assure-t-on, une lampe d'un nouveau modèle. Elle n'aurait pas de mèche. Les huiles se transforment en gaz dans le corps même de la lampe. Ces gaz se brû-lent avec les becs ordinaires.

Les huiles d'hydro-carbures lignifères trouveront encore une autre application industrielle importante. Le gaz Chandor est appelé à supplan-ter dans les cafés et dans les grands établissements le gaz à la houille et le gaz portatif livrés à un prix élevé, par les compagnies qui ont ou le mono-pole ou un brevet. Ce gaz Chandor est formé d'environ 95 p. 0/0 d'air et de 5 p. 0/0 d'hydro-carbures en vapeur. Les carbures d'hydrogène des schistes lignifères conviennent parfaitement à cette fabrication économi-que qui exercera même, assure-t-on, une grande influence sur le rôle des moteurs Lenoir.

Le gaz Chandor remplacera incontestablement, dans les ménages, les lampes modérateurs, elles dépensent beaucoup d'huile ; il remplacera les bougies qui tachent les vêtements et les meubles. Celles fabriquées avec la paraffine n'ont déjà plus cet inconvénient.

M. Angestein a proposé d'employer la paraffine à la place de l'acide stéarique pour mouler le plâtre. Les paraffines ont l'avantage d'avoir un point de fusion inférieur à celui de l'acide stéarique qui est de 0,70 à 0,77.

Industriellement la paraffine s'emploie pour le gommage des soies.

Les huiles lignifères extraites par la pression à chaud des paraffines, sont très-recherchées en Allemagne pour le graissage des machines.

M. Price a fabriqué de belles bougies avec la cire végétale du sumac, arbre du Japon, dont le nom botanique est *Rhus succedanea.*

Ajoutons à cette nomenclature les dalles imperméables pour toitures, trottoirs et pavages ; le noir pour engrais, le noir de fumée, le tripoli, les essences pour vernis, les huiles pour les corroyeurs et les dégraisseurs.

Note n° 4. — M. Beudant, *minéralogie*, page 224.

Ozokérite, § 277. Les matières grasses, plus ou moins fusibles, blan-châtres, jaunâtres ou brunes, qu'on a nommées cire fossile, ozokérite, hatchétine, scheerérite, ont toutes plus ou moins d'analogie avec la paraffine qu'on obtient du goudron. Elles se trouvent à Slanick en Moldavie, à Truskavitz en Gallicie, Zicnitzka en Moravie, Gresten, près de Gaming, en Autriche, Usnac en Suisse, etc, etc., dans le voisinage des dépôts charbonneux, quelquefois dans le combustible même. On en a extrait une assez grande quantité, dans quelques localités, pour en faire des bougies.

FIN

TABLE DES MATIÈRES

FIN DE LA TABLE

VERSAILLES. — IMPRIMERIE CERF, RUE DU PLESSIS, 59

www.ingramcontent.com/pod-product-compliance
Lightning Source LLC
Chambersburg PA
CBHW061323060726
47596CB00003B/1057